Société Générale pour la Fabrication de la Dynamite

12, Place Vendôme, à PARIS

DOCUMENTS OFFICIELS

RELATIFS

à l'Établissement de Dépôts de Dynamite

IMPRIMERIE MODERNE D'ARRAS

7, Place du Wetz-d'Amain, 7

1902

Société Générale pour la Fabrication de la Dynamite

12, Place Vendôme, à PARIS

DOCUMENTS OFFICIELS

RELATIFS

à l'Etablissement de Dépôts de Dynamite

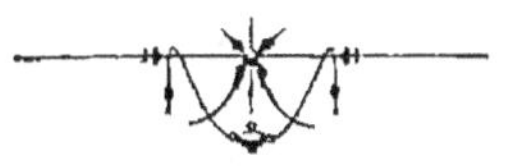

IMPRIMERIE MODERNE D'ARRAS

7, Place du Wetz-d'Amain, 7

1902

I. — Décret portant règlement d'Administration publique pour l'exécution de la loi du 8 Mars 1875, relative à la poudre Dynamite.

Du 24 Août 1875.

Le Président de la République française,

Sur les rapports des Ministres de l'agriculture et du commerce, des finances, de l'intérieur, des travaux publics et de la guerre ;

Vu le décret du 15 octobre 1810 ;

Vu les ordonnances des 14 janvier 1815, 25 juin 1823 et 30 octobre 1836 ;

Vu le décret du 25 mars 1852 ;

Vu la loi du 24 mai 1834 ;

Vu la loi du 8 mars 1875 et spécialement l'article 8 ;

Le Conseil d'État entendu,

Décrète :

Art. 1er. — La demande en autorisation d'établir, en vertu de l'article 1er de la loi du 8 mars 1875, une fabrique de dynamite ou de tout autre explosif à base de nitro-glycérine, est adressée au Préfet du département.

Elle est adressée au Préfet de Police pour le ressort de sa préfecture.

Art. 2. — La demande est accompagnée d'un plan des lieux à l'échelle d'un cinq-millième, indiquant :

1° La position exacte de l'emplacement où la fabrique doit être établie, par rapport aux habitations, routes et chemins, dans un rayon de deux kilomètres ;

2° La position des bâtiments et ateliers les uns par rapport aux autres ;

3° Le détail des distributions intérieures de chaque local ;

4° Les levées en terre, murs, plantations et autres moyens de défense destinés à protéger les ouvriers contre les accidents provenant des explosions des matières.

Le pétitionnaire doit faire connaître dans sa demande :

La nature des matières et le maximum des quantités qui seront entreposées ou simultanément manipulées dans la fabrique ;

Le nombre maximum d'ouvriers qui peuvent y être employés ;

La nature, le nombre et la contenance des appareils servant à la fabrication ;

Le régime de la fabrique en ce qui concerne les jours et heures de travail.

ART. 3. — Après la clôture de l'instruction, qui est faite conformément aux lois et règlements sur les établissements dangereux insalubres et incommodes de première classe, le Préfet transmet le dossier, avec son avis motivé, au Ministre de l'Agriculture et du Commerce.

Art. 4. — Le Ministre de l'Agriculture et du Commerce prend l'avis des Ministres de l'Intérieur, des Finances et de la Guerre.

Le dossier est soumis ensuite au Comité des arts et manufactures, qui donne son avis.

Enfin, il est statué par décret du Président de la République, sur le rapport de tous les Ministres qui sont intervenus dans l'instruction.

Le décret d'autorisation fixe les mesures spéciales à observer et les conditions particulières à remplir.

Une ampliation de ce décret est adressée par le Ministre de l'Agriculture et du Commerce aux Ministres de l'Intérieur, des Finances et de la Guerre.

Art. 5. — Une ampliation du même décret est délivrée par le Préfet au permissionnaire, sur la production du récépissé constatant la réalisation de son cautionnement.

Dans le cas où, pour quelque cause que ce soit, le cautionnement réalisé vient à être réduit ou absorbé, les opérations de la fabrique doivent être immédiatement suspendues et ne peuvent être reprises que lorsque le cautionnement a été reconstitué.

Art. 6. — Lorsque la fabrique est construite et avant qu'elle puisse fonctionner, le Préfet, sur l'avis qui lui est donné par le permissionnaire, fait procéder, par un ingénieur des mines ou des ponts et chaussées que désigne le Ministre des travaux publics, à la vérification contradictoire de toutes les parties de la construction, à l'effet de constater si elles sont conformes aux conditions du décret d'autorisation.

Procès-verbal est dressé de l'opération.

Sur le vu de ce procès-verbal, le Préfet autorise, s'il y a lieu, la mise en activité de la fabrication.

Art. 7. — Les produits de la fabrication sont, au fur et à mesure de leur achèvement, placés dans des magasins spéciaux entièrement séparés des ateliers.

Art. 8. — Le fabricant est tenu de justifier, à toutes réquisition du Préfet, de ses délégués et des agents de l'administration des contributions indirectes, de l'emploi donné aux produits de la fabrication ; à cet effet, il tient un registre coté et parafé par le maire, sur lequel sont inscrites jour par jour, de suite et sans aucun blanc, les quantités fabriquées et les quantités sorties, avec les noms, qualités et demeures des personnes auxquelles elles ont été livrées.

Art. 9. — Les employés des contributions indirectes procèdent périodiquement à des inventaires des restes en magasin.

Le fabricant est tenu de fournir la main-d'œuvre, ainsi que les balances, poids et ustensiles nécessaires aux vérifications.

Le règlement de l'impôt dû pour les quantités livrées à l'intérieur ou manquantes s'opère aux

époques fixées par l'administratiou des contributions indirectes, et le montant du décompte est
immédiatement exigible.

Art. 10. — Dans aucun cas, sauf l'exception
stipulée à l'article 11, le transport de la dynamite
ne peut s'opérer qu'en vertu d'acquits-à-caution
délivrés par le service des contributions indirectes
et contenant l'engagement de payer, par kilo-
gramme de dynamite, une amende dont le taux est
réglé par le Ministre des finances, sans pouvoir
excéder deux francs, en cas de non-rapport de
l'expédition dûment déchargée dans les délais
réglementaires.

Outre la soumission, l'expéditeur doit fournir au
buraliste, pour être mises à la souche de l'acquit, et
suivant le cas, les pièces ci-après, savoir :

Lorsque les livraisons sont destinées à des marchands de dynamite dûment autorisés, une demande
rédigée par le destinataire et revêtue du visa du
directeur ou du sous-directeur des contributions
indirectes de la circonscription ;

Lorsque les livraisons sont destinées à des consommateurs de l'intérieur, les demandes de ces
consommateurs, revêtues du certificat de l'autorité
locale ;

Lorsque la dynamite est destinée à l'exportation,
une déclaration de l'exportateur indiquant notamment le pays de destination ; cette déclaration est
soumise au visa du commissaire de la marine du
port d'embarquement, si l'exportation a lieu par

mer, ou le préfet du département où réside l'exportateur, si l'exportation a lieu par terre.

ART. 11. — La circulation des quantités inférieures à deux kilogrammes, qui sont prises dans les débits par les consommateurs, est régularisée au moyen de simples factures que le débitant délivre lui-même en les détachant d'un registre timbré fourni par la régie ; il est fait, dans ce cas, application des règlements en vigueur par les livraisons de poudres de mine par les débitants au moyen de factures.

ART. 12. — Lorsque l'administration juge nécessaire d'organiser une surveillance permanente dans les fabriques, les fabricants sont tenus, sur sa demande, de fournir dans les dépendances de l'usine ou tout à proximité un local convenable pour le logement d'au moins deux employés.

Dans le même cas, les fabricants doivent fournir aux agents de la régie, à l'intérieur des usines, un local propre à servir de bureau.

Ce local, d'au moins vingt mètres carrés, doit être pourvu de tables, de chaises, d'un poêle ou d'une cheminée et d'une armoire fermant à clef.

En toute hypothèse, le fabricant doit, au commencement de chaque année, souscrire l'engagement de rembourser tous les frais de surveillance.

Ces frais, qui représentent la dépense réellement effectuée par la régie, sont réglés à la fin de chaque année par le Ministre des finances. Ils deviennent exigibles à l'expiration du mois, à dater de la notification qui est faite au fabricant de la décision du Ministre.

Art. 13. — Il est interdit à tous fabricants ou marchands de mettre en vente des produits qui, par suite de la nature ou de la proportion des matières employées, seraient susceptibles de détoner spontanément.

Il est également interdit de mettre en vente des dynamites présentant extérieurement des traces quelconques d'altération ou de décomposition. Chaque cartouche de dynamite porte sur son enveloppe une marque de fabrique et l'indication de l'année et du mois de sa fabrication.

Les préfets peuvent désigner des ingénieurs ou autres hommes de l'art pour s'assurer de l'état des matières dans les fabriques, les dépôts et les débits, et pour faire procéder, s'il y a lieu, à leur destruction, aux frais des détenteurs, sans que les fabricants ou marchands puissent de ce chef réclamer aucune indemnité.

Art. 14. — La dynamite ne peut circuler ou être mise en vente que renfermée dans des cartouches recouvertes de papier ou de parchemin, non amorcées et dépourvues de tout moyen d'ignition. Ces cartouches doivent être emballées dans une première enveloppe bien étanche de carton, de bois, de zinc ou de caoutchouc, à parois non résistantes.

Les vides sont exactement remplis au moyen de sable fin ou de sciure de bois. Le tout est renfermé dans une caisse ou dans un baril en bois consolidé exclusivement au moyen de cerceaux et de chevilles en bois et pourvu de poignées non métalliques.

Chaque caisse ou baril ne peut renfermer un

poids net de dynamite excédant vingt-cinq kilogrammes.

Les emballages porteront sur toutes leurs faces, en caractères très lisibles, les mots : *Dynamite, matière explosive*.

Chaque cartouche sera revêtue d'une étiquette semblable.

Art. 15. — Indépendamment des mesures prescrites par le précédent article, le transport de la dynamite sur les chemins de fer ne peut avoir lieu que conformément aux règlements spéciaux arrêtés par le Ministre des travaux publics.

Le transport de la dynamite sur les rivières, les canaux et les routes de terre s'opère conformément aux règlements en vigueur pour le transport des poudres et des matières dangereuses.

Art. 16. — Les dépôts et débits de dynamite sont distingués en trois catégories, suivant la quantité qu'ils sont destinés à recevoir, ainsi qu'il suit :

La première catégorie comprend ceux qui contiennent plus de cinquante kilogrammes de dynamite ;

La seconde, ceux qui en contiennent de cinq à cinquante kilogrammes ;

La troisième, ceux qui en contiennent moins de cinq kilogrammes.

La conservation de toute quantité de dynamite est assimilée à un dépôt.

Toute demande en autorisation de dépôt ou de débit de dynamite est soumise aux formalités d'instruction prescrites par les règlements pour les établissements dangereux, insalubres et incommodes de première, de deuxième ou de troisième classe, suivant la catégorie à laquelle le dépôt ou le débit doit appartenir.

Il est statué sur la demande dans les formes et suivant les conditions réglées par les articles 1 à 5 ci-dessus pour les fabriques de dynamite.

Toutefois, dans le plan des lieux qu'aux termes du premier paragraphe de l'article 2 ci-dessus il doit joindre à sa demande, le pétitionnaire pourra se borner à indiquer la position de l'emplacement où les dépôts et débits de dynamite doivent être établis par rapport aux habitations, routes et chemins, dans un rayon de 500 mètres seulement, s'il s'agit de dépôts ou de débits compris dans la deuxième catégorie, et de deux cents mètres, s'il s'agit de dépôts ou de débits rentrant dans la troisième catégorie.

Le décret d'autorisation fixera les mesures spéciales à observer et les conditions particulières à remplir pour l'installation et l'exploitation des dépôts ou débits.

ART. 17. — Les débitants de toute catégorie doivent, comme les fabricants, tenir un registre d'entrée et de sortie des matières existantes dans leurs magasins ou vendues ; ce registre doit contenir toutes les indications prescrites à l'article 8 ci-dessus.

Les débitants peuvent vendre des cartouches au détail, mais il leur est interdit de les ouvrir et de les fractionner.

Ils peuvent vendre également les amorces et autres moyens d'inflammation des cartouches, mais ils doivent les tenir renfermés dans des locaux entièrement séparés de ceux où les cartouches sont déposées.

Art. 18. — Les demandes en autorisation d'importer de la dynamite sont adressées au Préfet du département dans lequel réside le destinataire, et au Préfet de police, pour le ressort de sa préfecture.

Elles font connaître :

1° Les nom, prénoms et domicile de l'expéditeur ;

2° Le lieu de provenance de la dynamite ;

3° La quantité à importer ;

4° Le point ou les points de la frontière par lesquels l'importation aura lieu ;

5° Le lieu de destination et les nom, prénoms, domicile et profession du destinataire.

La demande est instruite et il est statué dans les mêmes termes et suivant les mêmes règles que pour les dépôts ou débits de dynamite.

Le décret qui autorise, s'il y a lieu, l'importation, désigne les points par lesquels elle doit s'opérer et les bureaux de douane chargés de la vérification.

La dynamite importée est soumise, dans tous les cas, aux mêmes conditions que la dynamite fabriquée à l'intérieur.

Les frais de toute nature que peuvent occasionner à l'Etat l'introduction en France et le transport de la dynamite, tels que les frais d'escorte, de vérification et tous autres relatifs au contrôle et à la surveillance, sont à la charge de l'expéditeur, du transporteur ou du destinataire pour le compte duquel ils auront été effectués. Ils seront réglés, dans chaque cas, par le Ministre des finances.

ART. 19. — La dynamite importée ne peut circuler à l'intérieur que sous le plomb et en vertu d'un acquit-à-caution de la douane, après acquittement préalable des droits fixés par la loi ; elle ne peut être cédée ou vendue à des tiers par le destinataire que si celui-ci est régulièrement autorisé en qualité de débitant.

ART. 20. — Les fabricants, débitants et dépositaires de dynamite sont tenus de donner en tout temps le libre accès de leurs fabriques, débits et dépôts aux agents des contributions indirectes et à tous autres fonctionnaires ou agents désignés par le Préfet.

ART. 21. — La fabrication de la nitro-glycérine, dans les cas prévus par l'article 6 de la loi du 8 mars 1875, ne peut avoir lieu qu'en vertu d'une autorisation délivrée dans les mêmes termes et après les mêmes formalités d'instruction que pour les fabriques de dynamite telles qu'elles sont réglées par le présent décret.

Le décret d'autorisation stipule le délai à l'expiration duquel la fabrication doit cesser ; il règle, en outre, les conditions à observer par le permissionnaire pour la constatation et la perception de l'impôt par les agents des contributions indirectes, ainsi que la nature du contrôle à exercer par les ingénieurs de l'État pour la reconnaissance des travaux effectués.

Art. 22. — Les Ministres de l'agriculture et du commerce, des finances, des travaux publics, de la guerre et de l'intérieur sont chargés, chacun en ce qui le concerne, de l'exécution du présent décret, qui sera inséré au Bulletin des lois.

Fait à Paris, le 24 Août 1875.

Signé M^{al} DE MAC MAHON.

Le Ministre des Finances,

Signé Léon SAY.

II. — Décret du 23 Décembre 1901 relatif à la conservation des explosifs dans les exploitations souterraines.

Le Président de la République française.

Sur les rapports des Ministres des travaux publics, du commerce, de l'industrie, des postes et des télégraphes, de l'intérieur, des finances et de la guerre,

Vu la loi des 21 avril 1810-27 avril 1880, le décret du 3 janvier 1813 et l'ordonnance du 26 mars 1843 modifiée par le décret du 25 septembre 1882, sur les mines ;

Vu la loi du 8 mars 1875 et les décrets des 24 août 1875 et 28 octobre 1882 sur la poudre dynamite,

Décrète :

ART. 1er. — Aucun approvisionnement d'explosifs ne peut être réuni et conservé dans les travaux souterrains en activité des mines, minières et carrières ou dans des travaux souterrains en communication avec les précédents que sous les conditions des articles 2 à 10 du présent décret.

Exception est faite pour les dépôts de dynamite autorisés où à autoriser par décret, dont les conditions d'établissement et de fonctionnement sont fixées par leur titre d'institution. La surveillance technique de ces dépôts se fera désormais par le service des mines, sous l'autorité du Ministre du commerce et de l'industrie.

ART. 2. — Des dépôts autres que ceux mentionnés au second paragraphe de l'article précédent ne peuvent être établis et fonctionner dans les travaux souterrains précités qu'en vertu d'une autorisation donnée, après avis des ingénieurs des mines, par le préfet, sous l'autorité du ministre des travaux publics.

L'autorisation, à laquelle reste annexé le plan qui aura dû être fourni par l'exploitant avec sa demande, fixe les conditions d'installation et de fonctionnement du dépôt.

ART. 3. — Le dépôt est placé sous la surveillance d'un préposé qui enregistre les entrées et les sorties d'explosifs dans les formes fixées par l'arrêté d'autorisation.

ART. 4. — Si le dépôt doit recevoir des explosifs soumis à la surveillance de l'administration des contributions indirectes pour le paiement de l'impôt, l'explosif ne pourra provenir que d'un dépôt principal dûment autorisé ; l'explosif pris à ce dernier dépôt, pour être porté dans le dépôt souterrain secondaire, sera considéré et inscrit sur le registre du dépôt principal comme livré à la consommation au compte du préposé dudit dépôt secondaire.

ART. 5. — Aucun dépôt ne peut, en aucune circonstance, contenir simultanément de la poudre noire et des explosifs détonants.

ART. 6. — Les approvisionnements de détonateurs ne peuvent être établis qu'au jour.

Les détonateurs sont remis, au jour, à des préposés qui les introduisent au fond et les distribuent aux chantiers selon les besoins.

En aucun cas ils ne peuvent être introduits dans les dépôts souterrains.

Art. 7. — Tous les dépôts, quelle que soit la nature de l'explosif, doivent satisfaire aux conditions suivantes :

1° L'emplacement doit être choisi de façon à donner les plus sérieuses garanties· qu'une explosion survenant dans le dépôt ne puisse pas compromettre les chantiers les plus voisins, ni les voies principales d'accès, de circulation ou d'aérage de l'exploitation, ni les organes essentiels de la ventilation ; les gaz nuisibles de l'explosion devront pouvoir être évacués sans compromettre la sécurité du personnel occupé dans les travaux.

2° Le dépôt et la galerie lui servant d'accès immédiat doivent présenter les plus complètes garanties de solidité contre les éboulements.

3° Le dépôt devra être aéré de façon à assurer l'évacuation de tout dégagement de vapeur nuisible.

4° Les explosifs doivent être à l'abri de l'humidité.

5° Le dépôt ne peut donner directement sur une galerie servant à la circulation des personnes autres que celles ayant affaire au dépôt ; il sera établi, s'il y a lieu, pour le service exclusif du dépôt, une galerie accessoire parallèle à la galerie de circulation à une distance suffisante de celle-ci et se branchant avec elle à ses deux extrémités ; les galeries constituant le dépôt et ses accès immédiats seront à angles droits les unes par rapport aux autres et chacune d'elles sera prolongée de deux mètres au moins en cul-de-sac au delà du croisement dans le sens de la poussée des gaz ;

6° La remise et, s'il y a lieu, la reprise des cartouches ou des boîtes à cartouches des ouvriers se feront dans un local de distribution, distinct du local du dépôt où sera conservé l'explosif; le local de distribution sera dans le voisinage immédiat du local de dépôt, mais toutefois à une distance et dans des conditions d'emplacement telles que ce dernier soit suffisamment prémuni contre une explosion survenant dans le premier. Dans tous les cas, le local du dépôt sera clos par une porte, habituellement fermée à clef ;

7° Des dispositions devront être prises pour que la distribution, et, s'il y a lieu, la reprise des cartouches se fassent sans presse ni confusion ;

8° Le local de dépôt ne peut contenir que l'explosif et les boîtes, caisses où barils qui le renferment ;

9° Des écriteaux bien apparents placés de part et d'autre, aux accès les plus immédiats, porteront l'inscription bien visible : « Attention ! Dépôt d'explosifs ! » Il est interdit de fumer dans l'espace compris entre ces écriteaux ;

10° On ne s'éclairera, pour le service du dépôt, que par des lampes électriques ou des lampes de sûreté avec manchon en verre ;

11° Aucun dépôt ne peut contenir plus de 100 kilogrammes d'explosifs ;

Art. 8. — Les dépôts destinés à recevoir de la

poudre noire doivent satisfaire spécialement aux conditions suivantes :

1° La poudre ne pourra y être introduite et distribuée que sous forme de cartouches faites au jour ou de poudre comprimée ;

2° Les cartouches seront apportées du jour dans des barils ou caisses en bois disposés de manière à ne pas laisser tamiser la poudre ;

3° Il est interdit d'entrer dans la chambre de dépôt même avec les lampes mentionnées au 10° de l'article 7. Elle ne peut être éclairée que par de la lumière venant de l'extérieur de ladite chambre ;

4° On ne peut pénétrer dans le local du dépôt que pieds nus ou avec des chaussures de feutre ;

5° Le sol du dépôt doit être recouvert d'un prélart ;

6° Les portes seront posées de façon à éviter le frottement de métal contre métal.

Art. 9. — Les dépôts destinés à recevoir des explosifs détonants doivent satisfaire spécialement aux conditions suivantes :

1° Les caisses venant du dépôt principal seront placées isolément dans des logements épousant la forme de ces caisses ; ces logements seront fermés par des portes à charnières, en tôle de 10 millimètres d'épaisseur, tenues normalement clavetées, qui doivent se refermer par leur propre poids et s'appliquer, sans saillie, sur un siége métallique ; ils seront situés d'un même côté du magasin, à une distance de quatre mètres au moins de bord en bord des logements :

2° On ne doit pas avoir dans le local de dépôt plus d'une caisse sortie de son logement ;

3° Sauf dans le cas où le dépôt ne contiendrait qu'une caisse d'explosifs, l'ouverture et la fermeture des caisses et la manipulation des cartouches ne seront effectuées que dans le local de distribution ;

4° Si le dépôt doit contenir de la dynamite, sa température ne doit pas pouvoir descendre au-dessous de 8° ni monter au-dessus de 30°.

ART. 10. — Le Ministre des travaux publics peut, après avis du conseil général des mines, accorder des dérogations aux dispositions des articles 7 et 9 lorsqu'il sera reconnu qu'elles sont sans inconvénient.

Toutefois, en aucun cas, le Ministre ne peut autoriser un approvisionnement de dynamite de plus de 100 kilogr.

ART. 11. — L'introduction des explosifs et des détonateurs dans les travaux souterrains d'une exploitation, de quelque manière qu'elle ait lieu, fera l'objet d'une consigne arrêtée par l'exploitant, qui devra être affichée en permanence aux lieux habituels pour les avis à donner aux ouvriers. Cette consigne ne pourra être mise en application qu'après avoir été communiquée aux ingénieurs des mines et s'ils n'y ont pas fait d'opposition. Au cas contraire, les dispositions seront fixées par arrêté préfectoral, sur la proposition des ingénieurs des mines.

ART. 12. — Les exploitants de mines, minières

et carrières souterraines ou à ciel ouvert, qui seront en instance pour obtenir par décret l'établissement d'un dépôt permanent de dynamite, peuvent, après avis des ingénieurs des mines, être autorisés par le Préfet, sous l'autorité du Ministre du commerce et de l'industrie, à avoir, hors des travaux mentionnés à l'article 1er, paragraphe 1er, un approvisionnement temporaire.

L'autorisation fixera la durée pour laquelle elle est accordée ; elle pourra être renouvelée.

Ces dépôts temporaires, pendant la durée de validité de leur autorisation, seront assimilés aux dépôts permanents de l'article 16 du décret du 24 août 1875 en ce qui concerne l'acquisition et l'introduction de la dynamite et le paiement de l'impôt.

Notification de l'autorisation et, s'il y a lieu, de son renouvellement sera faite au directeur des contributions indirectes.

La surveillance technique de ces dépôts sera exercée par le service des mines sous l'autorité du Ministre du commerce et de l'industrie. Le Ministre des travaux publics pourra, suivant les besoins du service, et sur la demande de l'ingénieur en chef des mines de l'arrondissement minéralogique, mettre, pour cette surveillance, des ingénieurs ordinaires et des conducteurs des ponts et chaussées sous l'autorité dudit ingénieur en chef.

En outre de ce qui a été stipulé à l'article 1er, paragraphe 2, pour les dépôts permanents situés dans les travaux souterrains, la surveillance technique des autres dépôts permanents établis sur place par un exploitant de mine, minière ou carrière exploitée souterrainement ou à ciel ouvert, s'exercera comme il est dit au paragraphe précédent.

Art. 13. — Les dispositions du présent décret s'appliquent aux travaux de recherches de mines.

Art. 14. — Les contraventions aux dispositions du présent décret relatives à la conservation des explosifs dans les travaux souterrains ou à leur introduction et circulation dans ces travaux seront constatées et poursuivies conformément au titre X de la loi du 21 avril 1810.

Art. 15. — Les Ministres des travaux publics, du commerce, de l'industrie, des postes et des télégraphes, de l'intérieur, des finances et de la guerre sont chargés, chacun en ce qui le concerne, de l'exécution du présent décret qui sera inséré au *Journal officiel* de la République française et au *Bulletin des lois.*

Paris, le 23 Décembre 1901.

ÉMILE LOUBET.

Par le Président de la République :

Le Président du Conseil,
Ministre de l'intérieur et des cultes,

WALDECK-ROUSSEAU.

Pour le Ministre des finances, par intérim :
Le Ministre de l'agriculture,

DUPUY.

Le Ministre du commerce,
de l'industrie, des postes et des télégraphes,

A. MILLERAND.

Le Ministre des travaux publics,

PIERRE BAUDIN.

Le Ministre de la guerre,

Gal L. ANDRÉ.

III. — Circulaire du Ministre des Travaux publics du 21 Janvier 1902 portant instructions pour l'application du décret du 23 décembre 1901.

Paris, le 21 Janvier 1902.

Le Ministre des travaux publics,

A Monsieur le Préfet du département d

1º Le décret du 23 décembre 1901, dont vous trouverez ci-joint le texte, qui est publié au *Journal officiel* du 21 janvier 1902, a été rendu pour régler la conservation des explosifs dans les exploitations de mines, minières et carrières. Ce décret a un double objet.

C'est, d'une part, un règlement de police d'exploitation souterraine pour la conservation d'explosifs, au fond, dans ce que le décret appelle des dépôts secondaires ; à ce titre et dans celles de ses dispositions, article 2 à 11, qui traitent de ce point, le décret n'est qu'un règlement sur la police des exploitations souterraines, analogue au décret du 3 janvier 1813, à l'ordonnance du 26 mars 1843, au décret du 23 septembre 1882, ce qui assure à ses dispositions, comme le porte l'article 14, les sanctions du titre X de la loi du 21 avril 1810.

D'autre part, le décret introduit, par ses articles 1er et 12, certaines modifications dans les règlements sur la dynamite des 24 août 1875 et 28 octobre 1882. Il stipule, à cet effet, par ces articles, que la surveillance technique de tous dépôts permanents de dynamite qui pourraient exister sur des exploitations de mines, minières et carrières sera désormais exercée par les ingénieurs des mines. Ces dépôts permanents sont ceux établis ou à établir par décret, au fond ou à la surface, sur ces exploitations, conformément à l'article 16 du décret du 24 août 1875. Le décret organise, en outre, avec l'article 12 le régime d'une autre catégorie de dépôts dits temporaires, assimilés aux dépôts permanents précités, en vue de modifier ce que l'on a appelé le « régime des huit jours » du décret du 28 octobre 1882.

Ces dépôts permanents et ces dépôts temporaires relèveront du Ministre du commerce et de l'industrie, comme tout ce qui a trait à la règlementation générale de la dynamite dans toutes autres industries que l'industrie extractive. Je m'abstiendrai donc d'en parler pour ne retenir que la réglementation des dépôts secondaires souterrains qui, au contraire, comme je viens de le dire, relève exclusivement de l'autorité du Ministre des travaux publics.

Ce qui caractérise ces dépôts secondaires c'est d'être établis au fond et de recevoir l'explosif, comme le porte l'article 4, dans des conditions telles que celui-ci, lorsqu'il est envoyé au dépôt secondaire, puisse être considéré comme consommé au point de vue soit de la sûreté générale, soit des impôts.

Les règles du décret ne s'appliquent, comme le porte l'article 1er, que pour autant que ces dépôts sont placés dans des travaux souterrains en activité ou dans de vieux travaux qui seraient en communication avec des travaux en activité. L'administration des travaux publics n'aurait pas à s'occuper de dépôts qui seraient établis par des exploitants de mines, minières ou carrières dans d'anciens travaux, séparés des travaux en activité de telle sorte que l'explosion du dépôt ne pût avoir d'action, même par les gaz en provenant, sur ces derniers travaux. Ces dépôts resteraient exclusivement soumis, suivant la nature de l'explosif, au régime ordinaire de tous dépôts de cette espèce.

Inversement, et pour ce qui concerne spécialement la dynamite, le régime des dépôts souterrains secondaires n'est pas inconciliable avec l'établissement et le fonctionnement, au fond, dans des travaux en activité, de dépôts principaux permanents. Ces dépôts continueront à pouvoir être établis par décret dans les formes de l'article 16 du décret du 24 août 1875, sans être nécessairement assujettis aux stipulations des articles 7 et 9 du décret du 23 décembre 1901 qui ne sont applicables en principe qu'aux dépôts secondaires à établir par arrêté préfectoral. La surveillance technique de ces dépôts permanents se fera par les ingénieurs des mines, mais sous l'autorité du Ministre du commerce et de l'industrie, comme il a été dit ci-dessus ; ils restent en outre soumis aux vérifications des agents des contributions indirectes.

2° Pour achever de définir et de délimiter les dépôts souterrains secondaires dont doit s'occuper plus spécialement la présente circulaire, on doit remarquer que le décret, en ce qui les concerne, s'applique à tous les explosifs sans distinction, y compris même les détonateurs. Si les principes sont analogues pour tous les explosifs, les règles d'application varient suivant la nature de ceux-ci.

Le décret contient, notamment, dans son art. 8, des particularités pour les dépôts de poudre noire.

Dans son article 9, il ne fait sans doute pas de distinction entre les explosifs détonants : cet article traite de même la dynamite, le coton octonitrique et les explosifs tels que ceux du type Favier qui ont été reconnus présenter des garanties spéciales pour leur manutention et leur transport. Il m'appartiendra, en vertu de l'art. 10, d'accorder des dérogations aux stipulations du décret qui pourraient paraître excessives et, par suite, inutiles pour certains explosifs. Le texte de l'article 10 justifie notamment, à l'avance, ces différences de traitement en stipulant exclusivement pour la dynamite la limitation de la contenance à 100 kilogr. Si la nature et les propriétés de l'explosif l'autorisent, d'autres dérogations pourront être accordées en ce qui concerne soit les conditions générales d'établissement de l'article 7, soit les conditions plus spéciales de l'article 9, et notamment les logements isolés.

L'administration doit se montrer soucieuse d'accorder les facilités en son pouvoir aux explosifs, qui, tout en rendant les mêmes services industriels que d'autres, offriraient dans leur maniement et leur conservation des garanties de sécurité reconnues, sans qu'on oublie que leurs garanties à ce point de vue peuvent être tout autres que celles exigées pour leur emploi dans les mines à grisou, suivant une distinction sur l'importance de laquelle la circulaire du 8 décembre 1899 a déjà attiré votre attention.

3° Avant d'entrer dans l'examen plus circonstancié des dispositions du décret du 23 décembre 1901, il sera bon de rappeler quelques idées générales dont s'est inspiré, au moins implicitement, le nouveau règlement.

On ne doit introduire dans la mine et n'y conserver souterrainement dans des dépôts secondaires que la quantité minimum d'explosifs nécessitée par un service rationnellement conçu et exécuté.

On devra s'efforcer de réduire en chaque point les quantités d'explosifs qu'un service ainsi compris amène à y maintenir, qu'il s'agisse de dépôts secondaires ou des chantiers mêmes.

Pour les détonateurs, on ne doit même pas en laisser dans la mine en dehors de ceux (aussi réduits en nombre que possible) qui seraient remis et conservés momentanément aux chantiers avant leur emploi.

On cherchera toujours à réduire le nombre de personnes qui peuvent se trouver réunies simultanément à un moment donné à proximité des points où sont conservés des explosifs et des détonateurs ou par lesquelles ils sont transportés. On cherchera, à cet effet, soit à écarter les points d'approvisionnement de toutes les voies de circulation ou de celles dans lesquelles le personnel peut être concentré à certains moments, soit à ne faire les transports importants que sous des conditions ou dans des moments appropriés.

4° Si nous prenons maintenant l'examen des dispositions mêmes du décret, il faut tout d'abord relever le principe fondamental de l'article 2 d'après lequel aucun dépôt souterrain secondaire, tel que l'on vient de le définir, ne peut exister sans une autorisation donnée par le Préfet, sur la demande de l'exploitant, après avis des ingénieurs. Comme pour toutes les matières de la police des mines, il ne doit m'en être référé que par la voie du recours hiérarchique qui serait formé par l'intéressé, ou par le service en cas de circonstances exceptionnelles qui feraient désirer à celui-ci d'être éclairé sur un point spécial par l'administration centrale, ou enfin en cas de dérogation aux clauses du décret qui seraient demandées et que le service local estimerait pouvoir être accueillies.

L'autorisation doit fixer, porte l'article 2, paragraphe 2, les conditions d'installation et de fonctionnement. Les articles 3 à 9 du décret semblent indiquer, avec les détails suffisants, ce que doit être l'ensemble de ces conditions.

Les explications qui suivent complètent ces données générales.

5° Tout d'abord, par dépôt ne pouvant exister sans autorisation, il faut entendre tout approvisionnement d'explosifs se reconstituant successi-

vement au même point pour ne pas y être employés sur place immédiatement, mais pour y être
repris en vue d'être envoyés soit à un autre dépôt
analogue, soit aux chantiers où l'explosif sera finalement consommé. Il n'y a pas lieu de distinguer
notamment entre les dépôts de dégel, de simple
approvisionnement, de distribution ou de reprise.
Tous doivent être traités de même.

Le décret ne distingue pas non plus entre les
approvisionnements destinés à assurer la consommation d'une seule journée ou celle de plusieurs
jours. La quantité seule importe. Certaines exploitations consomment en une journée jusqu'à 100
kilogr., ce qui servirait à d'autres pour plus de dix
ou quinze jours.

Aussi bien la consommation d'une journée n'est
pas fixée à ce point que l'on soit assuré de distribuer toute la dynamite descendue ; et il vaut mieux
ne pas remonter au jour celle qui resterait à la
fin de la distribution en vue de restreindre les
transports.

Si l'on n'est pas en présence d'un dépôt à réglementer en conformité du décret pour les quantités
d'explosifs qui seraient introduites de la surface ou
du dépôt principal dans la mine pour y être distribuées dans la journée même, les mesures à prendre
et à prescrire rentrent alors dans celles visées par
l'article 11. Pour que l'on soit bien dans ce cas et
pour qu'il n'y ait pas de dépôt, il faut que la répartition ou la distribution de l'explosif entre les chantiers ou entre les intéressés ait lieu de suite après son
introduction, sans que l'explosif reste auparavant

conservé en un même point pendant un temps notable et surtout sans qu'il puisse en rester, à la fin du poste ou de la journée, une quantité, si faible qu'elle soit, qui n'ait pas été distribuée.

Dans les exploitations où l'on opérerait ainsi avec de la dynamite, il va de soi que l'on doit d'ailleurs être assuré que la dynamite ainsi introduite pour distribution immédiate ne pourra jamais être gelée.

Il doit être entendu d'ailleurs qu'une pareille pratique ne pourrait être admise que pour des quantités très réduites d'explosifs.

Il n'y a pas non plus dépôt au sens du décret dans le cas où l'explosif, en quantité qui, du reste, doit être toujours relativement très faible, reste-rait momentanément inutilisé au chantier ou à pro-ximité du chantier où il va être employé à très bref délai.

Aussi bien, comme l'indique une circulaire en date de ce jour, on peut revenir, lorsqu'on le jugera opportun, sur la disposition de l'article 67, avant-dernier paragraphe, du règlement type du 25 juillet 1895 qui obligeait à restituer nécessairement les explosifs qui n'avaient pas été utilisés au chantier dans le poste ou dans la journée. Lorsque le travail au chantier est continu, il vaut mieux, à tous égards, que l'on ne reprenne plus la dynamite qui y a été apportée. Même si le travail est discontinu, on pourra laisser l'explosif, pourvu que des dispo-sitions convenables soient prises pour sa conser-vation sur place. Ce sont là des détails à fixer dans la consigne ou l'arrêté qui doivent régler la distribution et l'emploi des explosifs. On y reviendra au n° 8.

C'est pour montrer que la reprise des explosifs distribués n'est qu'éventuelle que les paragraphes 6 et 7 de l'article 7 du décret ont reçu la rédaction qu'ils présentent.

6° Les préposés dont parle l'article 6 du décret ne sont pas nécessairement spécialisés à la distribution des détonateurs; ils peuvent cumuler ce service avec toutes autres fonctions. Ce pourront être des agents ordinaires de la surveillance, tels que les gouverneurs, sous-gouverneurs, maitres-mineurs, chefs de poste, etc.

En tout cas, l'agent ou le préposé qui va distribuer les détonateurs ne doit jamais porter simultanément de la dynamite; le cas échéant, il doit être accompagné d'un ouvrier de confiance, de façon que, durant la circulation dans la mine, jamais une même personne ne porte sur elle dynamite et détonateur.

Le coton octonitrique doit être traité à cet égard comme la dynamite ; on peut ne pas appliquer aussi rigoureusement cette règle aux explosifs détonants tels que ceux présentant, pour leur transport, ces garanties spéciales dont il a été question au n° 2.

7° En dehors des dispositions de l'article 7 du décret sur les conditions générales d'établissement des dépôts secondaires, les services s'inspireront utilement, pour leurs appréciations, des travaux publiés dans les *Annales des mines*, de la commission des substances explosives et de la commission du grisou sur les dynamitières souterraines et notamment du rapport de M. Bija-Duval (*Annales des mines*. juin 1898) qui permet de déterminer les distances de nature à assurer la sécurité.

Pour rester dans les généralités qui s'imposaient à son texte, le décret n'a pas stipulé expressément, mais laisse entendre implicitement que le dépôt doit être placé de préférence le plus près possible du puits de sortie pour éviter le cheminement des gaz de la combustion dans toute la mine. D'autre part, il faut se prémunir contre la destruction éventuelle du puits de sortie et de ses engins de ventilation.

C'est dans la recherche de l'emplacement et l'étude des agencements du dépôt que l'on devra tenir compte spécialement des idées générales mentionnées au n° 3.

Les dépôts devront avoir leur contenance maxima (qui sera spécifiée dans l'arrêté d'autorisation) réduite au strict nécessaire. On cherchera à les établir et à les desservir de telle sorte qu'en cas d'explosion on ne soit pas exposé à avoir, même pour un instant, un personnel notable dans la zone dangereuse ; on cherchera à ce que l'explosion ne menace pas de compromettre les organes essentiels de la mine et, partant, la sécurité de tout le personnel qui y serait occupé à ce moment.

Aussi bien, si pour la dynamite les difficultés spéciales du gel peuvent conduire à développer les approvisionnements souterrains, il semble que l'on puisse les réduire notablement avec la solution que donnent pour les dépôts principaux de surface des dynamitières superficielles enterrées,

D'après l'article 7, 11°, du décret, vous ne pourrez autoriser aucun dépôt secondaire à contenir plus de 100 kilogr.; mais le décret ne vous empêche pas, au cas où ce serait matériellement possible, d'en autoriser plusieurs de moins de 100 kilogr. pourvu qu'ils soient à une distance ne leur permettant pas de réagir l'un sur l'autre en cas d'explosion ;

8° Le décret du 23 décembre 1901 ne s'est pas borné à régler la conservation des explosifs. Par son article 11, il a touché également, quoique d'une façon relativement incidente, à l'introduction et, par suite, à la circulation des explosifs dans les exploitations souterraines.

Le règlement-type du 25 juillet 1895, par suite des lacunes de la réglementation des explosifs à cette époque, s'était borné, à cet égard, dans son article 66, à fixer le mode d'approvisionnement des dépôts souterrains. Il n'y était rien dit, d'autre part, sur le mode de distribution des explosifs aux ouvriers. C'est spécialement ce point qui devra être fixé dans la forme de l'article 11 du décret du 23 décembre 1901.

On a voulu que la question fût nettement réglée; mais en même temps on laisse toute latitude dans la solution. Ici aussi la dynamite, avec les dangers spéciaux qui lui sont inhérents, devra plus particulièrement préoccuper. De même que je recommandais avec plus d'instance de réduire au strict minimum ses approvisionnements au fond, de même on doit recommander de réduire le plus possible sa circulation dans les puits et galeries et d'éviter d'en transporter des quantités appréciables dans des voies et à des moments où se fait une circulation notable de personnel.

Sous le bénéfice de cette observation générale, on organisera l'introduction pour le mieux, en tenant compte des circonstances.

La dynamite pourra être distribuée au jour et les ouvriers la descendront sur eux par petits paquets; elle peut aussi n'être remise qu'à des boute-feux.

La dynamite pourra être distribuée au fond, soit à des boute-feux seulement, soit à tous les ouvriers ; dans ce dernier cas, l'on pourrait même avoir des dépôts de distribution distincts des dépôts d'approvisionnement.

On recherchera la solution qui répond le mieux aux conditions de l'entreprise et qui présente le plus de sécurité, en tenant compte de la nature plus ou moins dangereuse des explosifs.

Si, comme on l'a dit ci-dessus, on est amené à ne pas faire rendre les explosifs à la fin du poste, la consigne fixera les conditions de leur conservation au chantier dans un local fermé ou dans une caisse établie dans des conditions donnant une suffisante sécurité, étant entendu que les quantités ainsi conservées devront toujours être très réduites. Les détonateurs et les explosifs conservés au chantier, devront, en tout cas, toujours être soigneusement séparés jusqu'à l'amorçage qui ne doit jamais se faire qu'au moment même du chargement.

9° La circulaire du 14 décembre 1900 est rapportée.

Je vous prie de m'accuser réception de la présente circulaire dont j'adresse directement ampliation aux ingénieurs des mines.

PIERRE BAUDIN.

IV. — Circulaire du Ministre du Commerce, relative au décret du 23 Décembre 1902.

INSPECTION DU TRAVAIL. — DYNAMITE

Le Ministre du commerce, de l'industrie, des postes
et des télégraphes,

à Monsieur   Ingénieur en chef des Mines.

Paris, le 18 juillet 1902.

Monsieur l'Ingénieur en chef, par circulaire du 21 janvier 1902, dont vous avez reçu directement copie, M. le Ministre des travaux publics a adressé aux Préfets des instructions relatives à l'application du décret du 23 décembre 1901 concernant la conservation des explosifs dans les exploitations souterraines.

Ces instructions s'appliquent aux dispositions des articles 2 à 11 dudit décret, dont l'application relève exclusivement du ministre des travaux publics. Les dispositions des articles 1 et 12 rentrant au contraire dans les attributions de mon département, il m'appartient de vous donner des indications sur leur portée et sur leur interprétation. C'est dans ce but que j'ai l'honneur de vous adresser la présente circulaire.

Jusqu'à présent, la réglementation édictée pour les dépôts de dynamite par la loi du 8 mars 1875 et les décrets des 24 août 1875 et 28 octobre

1882 a donné lieu à de très grandes difficultés d'application. Les consommateurs de dynamite ne pouvaient faire légalement un usage constant de cet explosif qu'à la condition d'avoir obtenu l'autorisation d'établir un dépôt dans la forme prévue par le décret du 24 août 1875. Comme la procédure réglementaire exigée en pareil cas demandait des délais très prolongés, quelle que fût la diligence de l'administration, et que pendant cette période d'instruction le dépôt ne pouvait fonctionner, les intéressés, et en particulier les exploitants des mines, minières et carrières, dont l'industrie consomme la plus grande partie de la dynamite employée annuellement en France, ont eu recours aux dispositions du décret du 28 octobre 1882 et ont pratiqué le régime dit *des huit jours*.

Par une interprétation condamnée par le Comité consultatif des arts et manufactures, *mais contre laquelle il n'était pas possible de réagir sans apporter de graves entraves dans les travaux de l'industrie extractive, on a cru qu'il était possible de conserver d'une façon permanente de la dynamite, pourvu que le local qui la contenait fût fermé à clé et que chaque approvisionnement d'explosif fût consommé dans les huit jours de sa réception.*

Cette façon de procéder avait les plus grands inconvénients tant au point de vue de la sécurité du voisinage que de la surveillance de l'emploi de la dynamite.

Le décret du 23 décembre 1901 a pour but de faire cesser cette pratique dans les exploitations de mines, minières et carrières.

Ce décret distingue les approvisionnements de dynamite en trois groupes : les *dépôts permanents*, les *dépôts temporaires* et les *dépôts souterrains secondaires*.

La surveillance de ces derniers relève du Ministre des travaux publics, et la circulaire du 21 janvier 1902 vous a donné des instructions à leur sujet. Les dépôts des deux premiers groupes sont placés également sous votre surveillance, lorsque, par leur situation, ils ont une relation industrielle immédiate avec l'exploitation elle-même, mais pour ce contrôle le service des mines est placé sous mon autorité exclusive. Il en résulte que, pour toutes les questions de service se rattachant à cette partie de vós attributions, vous devrez communiquer par l'intermédiaire des préfets avec mon département (direction du travail, 2ᵉ bureau).

Les dépôts permanents sont ceux qui sont établis en vertu d'un décret conformément au règlement du 24 août 1875. Ils sont soumis aux prescriptions spéciales prévues par leur titre d'institution et, d'autre part, aux dispositions générales résultant des lois et règlements sur la matière.

L'institution des dépôts temporaires, par le décret du 23 décembre 1901, a pour but de remédier aux inconvénients rappelés plus haut et inhérents à la procédure compliquée qui précède l'autorisation des dépôts parmanents. Dorénavant les exploitants de mines faisant usage de dynamite devront, pour approvisionner leurs dépôts souterrains secondaires, posséder un dépôt permanent autorisé. Ce dépôt pourra être installé à frais communs par plusieurs entreprises, mais sera dans tous les cas suffisamment rapproché des dépôts secondaires qu'il sera destiné à alimenter pour qu'on puisse considérer la dynamite comme employée dès sa sortie du dépôt autorisé.

Pendant la durée de l'instruction des demandes en autorisation de dépôts permanents, *les intéressés seront admis à solliciter l'installation d'un dépôt temporaire qui cessera d'exister le jour où le dépôt permanent autorisé par décret sera mis en service.*

Les dépôts temporaires pourront être établis à la surface ou sous terre, mais à la condition toutefois, dans ce dernier cas, qu'ils ne soient pas placés dans les travaux mentionnés à l'article 1er, paragraphe 1er, du décret du 23 décembre 1901, c'est-à-dire dans « les travaux souterrains en activité des mines, minières et carrières ou dans les travaux souterrains en communication avec les précédents ».

C'est là la seule condition générale prescrite par l'article 12 du décret précité qui prévoit l'existence des dépôts temporaires. Il semble cependant qu'il y a lieu d'imposer à ce genre de dépôts certaines conditions d'installation et de régler d'une façon précise les formalités à la suite desquelles ils pourront être autorisés.

On ne doit pas oublier que l'instruction des demandes pour *l'établissement de ces dépôts doit être la plus rapide possible ; si elle se prolongeait, en effet, les intéressés ne pourraient pas bénéficier de la faculté qui leur est donnée de faire un usage constant de dynamite aussitôt qu'une demande de dépôt permanent a été formée.*

Cette dernière demande sera soumise comme jusqu'ici à l'enquête réglementaire prévue par le décret du 24 août 1875, mais il n'y aura pas lieu d'en attendre la conclusion pour assurer l'existence du dépôt temporaire qui, devant être essentionnellement provisoire, sera établi sans accomplissement des formalités prévues par le texte précité. Cette situation particulière exigera, de votre part, une grande prudence dans le choix des conditions d'établissement des dépôts de ce genre.

Dans la plupart des cas, le dépôt temporaire sera établi à l'emplacement proposé pour le dépôt permanent sollicité ; il y aura alors avantage à lui imposer, autant que possible, les conditions qui seront insérées dans le décret à intervenir, afin d'éviter tout changement lorsque le dépôt deviendra permanent.

Je crois devoir vous communiquer ci-dessous, à titre de renseignement, diverses prescriptions types insérées jusqu'ici dans les décrets d'institution de dépôts et qui pourraient être imposées à tous les dépôts temporaires de 1re et de 2e classes établis à la surface. En ce qui concerne les dépôts de 3e classe, dont l'usage paraît d'ailleurs exceptionnel, vous apprécierez suivant les circonstances quelles sont les prescriptions à leur imposer.

a) Le bâtiment sera, dans toutes ses parties, de construction légère ; il comportera un plafond et un faux grenier.

Des évents, fermés par une toile métallique, seront ménagés tant dans le faux grenier que dans le magasin pour déterminer une large ventilation.

La toiture non métallique devra être aussi légère que possible et présenter une saillie suffisante pour protéger les évents du magasin contre les rayons directs du soleil.

Le sol sera soigneusement dallé et les parois du bâtiment seront recouverts d'un enduit propre à préserver la dynamite contre l'humidité.

Le dépôt sera fermé par une porte double en menuiserie pleine munie d'une serrure de sûreté.

b) Le dépôt sera entouré d'une levée en terre dont le talus intérieur sera établi, sur une épaisseur de $0^m,50$, avec des terres débarrassées de pierres et sera gazonné ; ce talus, dont la pente sera aussi raide que le permettra la nature du remblai, aura son pied à 1 mètre de distance du soubassement du bâtiment et son sommet à 1 mètre au moins au-dessus du niveau du faîte de ce bâtiment. A cette hauteur, la levée conservera à toute époque une largeur minimum de 1 mètre. Elle sera traversée, pour l'accès du dépôt, par un passage voûté.

c) Un logement ou un abri de gardien protégé contre une explosion par une levée en terre à défaut d'un abri naturel sera établi à proximité du dépôt.

d) La quantité maximum de dynamite que le dépôt pourra recevoir est fixée à   kilogrammes.

e) La manutention du dépôt sera confiée à des hommes expérimentés.

Les caisses contenant les cartouches de dynamite ne devront être ouvertes qu'en dehors de l'enceinte du dépôt.

f) Les matières inflammables autres que la dynamite et spécialement les amorces fulminantes, la poudre, les matières en ignition, les pierres siliceuses, les outils en fer, seront formellement exclus du dépôt et de ses abords.

La clôture extérieure ne sera ouverte que pour le service du dépôt, et ce service ne se fera que de jour.

Le dépôt sera placé sous la surveillance d'un agent spécialement chargé de la garde.

Le logement ou abri du gardien et les portes du dépôt seront reliés par des communications électriques établies de telle façon que l'ouverture des portes ou la simple rupture des fils de communication fasse fonctionner automatiquement une sonnerie d'avertissement placée à l'intérieur du logement.

g) Il sera toujours tenu en réserve, à proximité du dépôt, des approvisionnements d'eau et de sable, ou tout autre moyen propre à éteindre un commencement d'incendie.

La personne qui distribuera la dynamite aura à justifier à toute réquisition du Préfet, de ses délégués et des agents de l'Administration des contributions indirectes, de l'emploi de cet explosif. A cet effet, elle devra tenir un registre coté et paraphé par le Maire, sur lequel elle inscrira jour par jour et sans aucun blanc :

1º Les quantités introduites et la date de leur réception ;

2º La date des livraisons faites aux ouvriers pour un usage immédiat ;

3º Les quantités qui leur ont été délivrées ;

4º Les noms, prénoms et demeure de ces ouvriers.

L'emploi de la dynamite délivrée aux ouvriers sera en outre rigoureusement vérifiée.

En ce qui concerne les dépôts souterrains ou les dépôts superficiels enterrés dont la pratique doit être spécialement recommandée, les prescriptions types *a* et *b* ci-dessus relatives aux dépôts superficiels de construction légère devraient être remplacées par les indications suivantes :

Dépôts enterrés. — « Les dépôts enterrés dans le sol naturel seront placés à une profondeur suffisante, soit pour éviter toutes projections superficielles, soit pour que ces projections ne dépassent pas une distance de 50 mètres.

Les épaisseurs à conserver au-dessus des dynamitières pour obtenir l'un ou l'autre de ces résultats sont données par les tableaux contenus dans le rapport de la Commission des substances explosives du 9 décembre 1897.

La chambre de dépôt sera disposée dans une galerie secondaire perpendiculaire à la galerie d'accès et aura devant elle une galerie symétrique formant cul-de-sac, chacune de ces galeries secondaires présentant une profondeur de 3 à 5 mètres, suivant la charge de dynamite.

La galerie d'accès débouchera en tranchée devant un merlon dans lequel on aura ménagé une chambre réceptrice capable de recueillir et de fixer les matériaux projetés.

La chambre de dépôt sera aménagée de façon à préserver la dynamite contre l'humidité, et elle sera munie au besoin d'une cheminée de ventilation établie de manière à ne pas permettre l'introduction d'engins capables d'allumer la dynamite.

La chambre de dépôt et la galerie d'accès seront fermées par des portes solides munies de serrures de sûreté.

Les épaisseurs de terre à conserver autour de la chambre de dépôt seront réglées, dans tous les cas, de façon que la ligne de moindre résistance soit verticale et qu'aucune projection latérale ne soit à redouter.

En outre, dans le cas où les projections superficielles sont à craindre, le terrain situé au-dessus de la chambre de dépôt sera purgé de pierres ou de parties dures, sur une épaisseur de 3 mètres environ à partir du sol. »

Dépôts recouverts. — « Les dépôts établis à la surface du sol et recouverts d'un remblai de terres rapportées seront disposés en tous points de la même manière que les précédents, et notamment en ce qui concerne les épaisseurs de terre à conserver soit au-dessus, soit autour de la chambre de dépôt, ces dernières devant toujours être suffisantes pour s'opposer à toutes projections latérales. »

« On ne s'éclairera pour le service des dépôts enterrés et recouverts qu'au moyen de lampes électriques ou de lampes de sûreté avec manchon en verre. »

Il doit être entendu, d'ailleurs, que l'autorisation d'établir un dépôt enterré ou recouvert dans des conditions telles que des projections superficielles soient à craindre, comme il a été dit ci-dessus, ne peut être accordée que sous la réserve que le pétitionnaire aura justifié de ses droits sur toute l'étendue de la zone menacée, laquelle devra être interdite au public et clôturée.

Pour la fixation de la quantité de dynamite à emmagasiner dans le dépôt temporaire, vous devrez vous baser aussi exactement que possible sur la consommation moyenne et éviter qu'un approvisionnement trop considérable ne reste trop longtemps sans emploi, le dépôt ne devant, tant qu'il n'est que temporaire, *que faire strictement face aux besoins de l'exploitation.* Cette quantité devra, d'ailleurs, être notablement inférieure à la quantité prévue pour le dépôt permanent mis à l'enquête.

Je tiens essentiellement à ce que, à l'appui des rapports que vous adresserez aux Préfets, vous libelliez le texte des projets d'arrêtés que ces hauts fonctionnaires auront à prendre pour l'autorisation des dépôts temporaires. D'autre part, chaque fois qu'un dépôt temporaire aura été autorisé, vous voudrez bien m'en rendre compte en indiquant la date de la mise en service.

Les dépôts permanents et temporaires visés par le décret du 23 décembre 1901 étant soumis à votre surveillance, il convient de fixer les règles suivant lesquelles vos visites devront être faites. Il importe tout d'abord de remarquer que les exploitants de mines, bénéficiant d'un régime spécial en ce qui concerne la conservation de la dynamite, doivent se conformer dorénavant très exactement aux règlements. Le service des mines devra donc veiller tout particulièrement à l'observation des prescriptions qui résultent soit des règlements, soit du titre d'institution de chaque dépôt. A cet effet, et comme il ne m'est pas possible de fixer au préalable le nombre de visites qu'il y aura lieu de faire annuellement dans chaque dépôt, je désire que vous profitiez des tournées spéciales faites pour l'application des lois réglementant le travail pour surveiller les dépôts existants sur les concessions où vous serez amené à vous transporter. Vous devrez, en même temps, veiller à ce qu'aucun exploitant ne fasse plus dorénavant usage du régime dit *des huit jours*, et, le cas échéant, vous mettrez les contrevenants en demeure de se pourvoir d'une autorisation régulière.

Si l'action du service des mines doit en l'espèce être surtout persuasive, il convient néanmoins de prévoir le cas où des contraventions caractérisées ou des négligences coupables rendraient des poursuites nécessaires.

Dans ces cas, le service des mines devra se faire seconder d'un officier de police judiciaire qui pourrait seul constater valablement les contraventions.

Le service des mines n'a pas, en effet, en cette matière, le droit de dresser procès-verbal, puisque le décret du 23 décembre 1901 n'est un règlement de police sanctionné par les dispositions du titre X de la loi du 21 avril 1810 que dans ses prescriptions qui touchent à la conservation des explosifs dans les travaux souterrains ou à leur introduction et à leur circulation dans ces travaux.

Enfin, chaque année, dans le cours du mois de janvier, vous devrez me rendre compte, dans un bref rapport, des résultats de votre surveillance pendant l'année précédente. Vous mentionnerez les observations que vous aurez formulées, les infractions constatées, ainsi que les poursuites dont auraient été l'objet les détenteurs de dynamite.

Ces rapports seront communiqués au Comité consultatif des arts et manufactures.

Vous trouverez ci-annexé le modèle du tableau qui formera la partie essentielle de votre rapport annuel.

Je vous adresse, d'ailleurs, par le même courrier, un recueil contenant les lois et règlements relatifs au régime des fabriques et dépôts de dynamite.

Recevez, etc.

Le Ministre du commerce, de l'industrie,
des postes et des télégraphes,

GEORGES TROUILLOT

ANNEXE A LA CIRCULAIRE.

SITUATION DES DÉPÔTS		NATURE DES DÉPÔTS permanents (P) ou temporaires (T)	NOMS des PERMISSIONNAIRES	NOMBRE DE VISITES faites par les		INFRACTIONS AYANT FAIT L'OBJET		NOMBRE D'INFRACTIONS signalées aux parquets et ayant fait l'objet de poursuites	RESULTATS des POURSUITES	OBSERVATIONS
Départements	Communes			Ingénieurs	Contrôleurs	d'observations	de rapports aux parquets